WILDBLUMEN AUF WIESEN UND ALMEN

Die Heimat der Wildblumen

Wandern Sie mit uns von den Niederungen hinauf in die Berge

Aus der flachen Ebene spazieren wir auf Feldwegen an Äckern vorbei, durch hügelige Weingärten und an schattigen Waldrändern entlang in die Höhe. Saftig-grüne Lichtungen im Wald laden zum Innehalten ein, bis es über steile Pfade weiter nach oben in die Berge geht. Die Bäume weichen allmählich Hochstauden und Zwergsträuchern. Schließlich bieten die Ritzen großer Steine und Felsen genügsamen Kräutlein Schutz vor Wind und Wetter, bis im hochalpinen Gelände nur noch die widerstandsfähigsten Pflänzchen den kargen Bedingungen trotzen. All dies sind die Böden, auf denen die Flora unserer Heimat Nahrung findet, um zu gedeihen und sich zu entfalten.

Ruderalfluren

Der Begriff Ruderalstandort (vom lateinischen *ruderis*, Schutt) umfasst sehr verschiedene Pflanzenstandorte, die allesamt stark vom Menschen beeinflusst sind: Wegränder, Pflasterritzen, Erdhügel, Halden, Hinterhöfe und Misthaufen. Die Pflanzen, die sich dort ansiedeln, gelten als die klassischen »Unkräuter«. Heute heißen sie, etwas freundlicher, Ruderalpflanzen. Durch den »Sauberkeitswahn« der Anrainer und im Speziellen der Gartenbesitzer sind aber auch sie immer stärker gefährdet. Früher wuchsen solche Pflanzen vor allem auf Dorfwildflächen wie zum Beispiel Gänsefluren entlang des Dorfbachs.

Pflanzen: Wilde Malve, Königskerze (Bild), Natternkopf.

Segetalfluren

Unter diesem Begriff (vom lateinischen *segetalis*, zur Saat gehörend) versteht man vor allem Äcker und ihre Begleitvegetation sowie Weingärten. Hier wird der Boden ständig vom Menschen bearbeitet, um dadurch unerwünschte Pflanzen zurückzudrängen. Mohn- oder Kornblumen haben aber raffinierte Strategien entwickelt, um dennoch in den Äckern zu überleben. Den üblichen Herbiziden sind sie leider nicht gewachsen, weshalb auch sie als gefährdet eingestuft werden. In biologisch bewirtschafteten Äckern kann man diese schönen Blumen dagegen inzwischen wieder finden.

Pflanzen: Kornblume, Mohn (Bild), Hohlzahn.

Fettwiesen und -weiden

Als intensiv genutztes Wirtschaftsgrünland unserer Heimat wurden die Fettwiesen durch regelmäßige Mahd und/oder Beweidung sowie intensive Düngung zu eher artenarmen Wiesen. Dennoch werden manche Blumen gefördert, weil Lichtkonkurrenten durch die Bewirtschaftung nicht aufkommen. Von fast trockenen bis zu feuchten und nassen Wiesen entwickeln sich unterschiedliche Pflanzengesellschaften in dieser Flurkategorie. Leider werden viele der Wiesen entweder trockengelegt oder in Ackerland umgewandelt.

Pflanzen: Margerite, Wiesenglockenblume, Wiesenbocksbart.

Trockenrasen, Magerwiesen, steinige Hänge

Echte Trockenwiesen gibt es von Natur aus meist nur dort, wo der Boden für Strauchwuchs zu ungünstig ist. Meist sind Trockenwiesen durch Beweidung entstanden. Man findet sie in warmen, niederschlagsarmen Hanglagen, und die Pflanzen zeichnen sich durch tief reichendes Wurzelwerk aus. Wo nicht beweidet wird, muss zum richtigen Zeitpunkt einmal gemäht werden, um Verbuschung zu vermeiden. Trockenrasen sind die blumenreichsten Wiesen, und zum Glück stehen viele von ihnen unter Naturschutz.

Pflanzen: Kartäusernelke, Johanniskraut, Echtes Labkraut, Fetthenne.

Feuchtwiesen, Gewässer, Sümpfe

Sie kommen im Überschwemmungsbereich von Bächen und Flüssen vor. Je nach Nährstoffen, Höhenlage und Durchnässung unterscheiden sich auch die Pflanzengesellschaften. Der wirtschaftliche Wert der Feuchtwiesen ist gering, weshalb diese bunten Lebensräume sehr gefährdet sind. Oft werden sie entwässert und durch Düngen in feuchte Fettwiesen umgewandelt. Auch Auwald, Sumpf und Moor sind gefährdet. Bei Mooren sind zum Teil die Umweltbedingungen schuld. Sümpfe (Nassstandorte ohne Torfbildung) werden oft trockengelegt.

Pflanzen: Sumpf-Schwertlilie, Mädesüß,
Dotterblume.

Schattige Wiesen, Wälder, Waldränder, Gebüsche, Auwälder

Bei uns in Mitteleuropa finden sich viele verschiedene Waldgesellschaften. Laubmischwälder unterscheiden sich in ihrer Krautschicht deutlich von Nadelholzwäldern, die mit Zirben bis in knapp 2.000 m Höhe steigen können. Leider wird ihr Pflanzenbewuchs auch durch die forstliche Nutzung (Fichtenkulturen) stark verändert.

Pflanzen: Vergissmeinnicht, Maiglöckchen, Akelei, Türkenbund, Schwalbenwurz-Enzian, Weidenröschen (Bild).

Almwiesen, Hochstaudenfluren

Wo in den Bergen einst die Gletscher ihre Einzugsbecken hatten, hat sich die Hochstaudenflur entwickelt – eine reizvolle, hochstängelige Pflanzengesellschaft. Hochstauden, die auch im Geröll von Quellbächen vorkommen, müssen sich nicht so »ducken« wie die Blumen- und Kräuterflora im rauen Klima oberhalb der Baumgrenze. Durchgehend von den Niederungen ab ca. 300 m bis zu den Almwiesen kommt hingegen der wunderschöne Türkenbund vor. Er ist ein Beispiel für die Anpassungsfähigkeit der Alpenflora.

Pflanzen: Gelber Enzian, Arnika.

Akelei

Aquilegia vulgaris · Hahnenfußgewächs

Vorkommen: Laubwälder, Wiesen, Gebüsche; selten in Tirol, Kärnten, der Steiermark, Nieder- und Oberösterreich, im pannonischen Raum gefährdet.

Merkmale

Ausdauernde, aber kurzlebige Pflanze, Wuchshöhe 30 bis 60 cm. Aus der Blattrosette wachsen reich verzweigte Stängel, Blätter dreiteilig, blaugrün, Blüten blauviolett, gespornte glockenförmige Blüten.

Blütezeit: Mai bis Juni.

Namenskunde

Fachbotanischer Name: Gewöhnlich-Akelei.

Volksnamen: Elfenhandschuh, Frauenhandschuh, Venuswagen, Kapuzinerhütli, Schlotterhose, Fünf Vögerl zsamm, Teufelsglocken.

Geschichte und Geschichten

Die Herkunft des botanischen Namens *Aquilegia* wird meist vom lateinischen *aquila* (Adler) abgeleitet, da der Sporn ähnlich gekrümmt ist wie der Schnabel und die Krallen des Königs der Lüfte. Hildegard von Bingen nannte die Pflanze Aglaia, was möglicherweise auf die indogermanische Wurzel »ak« (= spitz) hindeutet. Und manche deutsche Volksnamen spielen auf die Ähnlichkeit der fünf Blütenblätter mit fünf im Kreis sitzenden Vögeln an. So wird die Blume in Bayern »Fünf Vögerl zsamm« genannt.

Pflanze der Liebe

Die Akelei erscheint als Sinnbild auf vielen mittelalterlichen Tafelbildern. Ihre Bedeutung war aber oft gegensätzlich. Auf der einen Seite stand sie wegen ihres gesenkten Blütenkopfes für Demut. Andererseits war sie der germanischen Göttin Freya zugeordnet und galt als Pflanze der Liebe, manchmal wurde sie sogar als Aphrodisiakum verwendet. Elfenhandschuh nannte man sie, weil man dachte, dass sie mit ihren Blütenglocken die Feen mit einem für uns unhörbaren Läuten begrüßen würde.

Medizin und Zauberei

Hildegard von Bingen empfahl die Akelei einst gegen »schleimigen Husten«. In der Volksmedizin wurde sie nur gelegentlich bei Hautproblemen eingesetzt. Allerdings galt ein aus Akelei bereiteter Trank als wirksam gegen Impotenz, die durch Zauberei verursacht war. Aufgrund der Giftigkeit der Akelei sollte man von solchen Anwendungen in der heutigen Zeit freilich absehen.

Arnika

Arnica montana · Korbblütengewächs

Vorkommen: Magere Bergwiesen bis 2.500 m und in tieferen Lagen wie im Wald- und Mühlviertel, mag aber auch sauren, sandigen Lehmboden, kalkmeidend. Stark gefährdet wegen Düngung, österreichweit unter Naturschutz.

Merkmale

Ausdauernde, bis 50 cm hohe Pflanze. Stängel unverzweigt, mit Drüsenhaaren besetzt. Grundblätter in einer Rosette, mit 2 bis 3 gegenständigen Blattpaaren, aromatisch duftend. Blütenköpfe groß, meist einzeln, orangegelb. Blütezeit: Juni bis August.

Namenskunde

Fachbotanischer Name: Arnika.
Volksnamen: Berg-Wohlverleih, Wolferlei, Donnerwurz, Wolfsbanner, Johannisblume, Kraftwurz, Wundkraut, Fallkraut.

Geschichte und Geschichten

Der Ursprung des botanischen Namens *Arnica* ist ungeklärt, der Beiname *montana* (vom lateinischen *mons* für Berg) wohl klar. Den antiken Schriftstellern war die Arnika übrigens nicht bekannt. Die früheste Erwähnung findet sich bei Hildegard von Bingen. »Wolfsgelegene« nannte sie eine Pflanze, bei der es sich um die Arnika handeln könnte. Am Ende des Mittelalters war die Arnika dann allerdings schon eine bekannte Wundheilpflanze.

Donnerblum, hilf!

Im Volksglauben galt sie schon lange als Zauberpflanze, vor allem war sie eine Pflanze der Sommersonnwendbräuche. Sie sollte vor Unwettern, Blitzen und Hagelschlag schützen. Dazu wurden getrocknete Arnikablüten unters Dach gelegt oder in der Stube am Fenster aufgehängt. Wenn ein Gewitter drohte, warf man die »Donnerblum«, wie man die Arnika auch nannte, ins Herdfeuer und rief dazu: »Steckt Arnika an, steckt Arnika an, dass sich das Wetter scheiden kann!« Auch in der Tierhaltung spielte die Arnika eine große Rolle gegen das »Verfangen« und Stolpern der Rinder. Man rieb den Tieren auf der Alm den Rücken kräftig mit Arnikabündeln ein, das sollte das Vieh im Herbst gesund und unfallfrei zurückbringen.

Medizinische Anwendung

Arnikageist war in der Volksmedizin das wichtigste Mittel zur äußerlichen Anwendung bei Quetschungen und Blutergüssen. Auch zum Gurgeln bei Hals- und Racheninfektionen sowie bei Zahnschmerzen wurde der Arnikageist verwendet.
Die moderne Phytotherapie warnt vor der innerlichen Anwendung von Arnika. Homöopathisch ist sie dagegen ein bewährtes Mittel bei Verletzungen. Äußerlich kann Arnika in Form der Tinktur für Umschläge oder in Salben bei Verletzungen wie Verstauchungen empfohlen werden.

Bocksbart

Tragopogon pratensis · Korbblütengewächs

Vorkommen: Fettwiesen, seltener auf Ruderalfluren. Braucht nährstoff- und basenreiche, mittel bis tiefgründige Böden, meidet Staunässe. In Kärnten und Salzburg kaum zu finden, ansonsten häufig.

Merkmale

Ausdauernde, krautige, bis 70 cm hohe Pflanze. Fleischige Pfahlwurzel, glatter, hohler Stängel. Die saftigen Pflanzenteile enthalten einen Milchsaft. Blätter schmal linealisch. Die gelben Blütenkörbchen sitzen auf langen Stielen. Blütezeit: Mai bis Juli.

Namenskunde

Fachbotanischer Name: Wiesen-Bocksbart. Volksname: Süßling, Himmelsbrot.

Geschichte und Geschichten

Die Blütenstände des Bocksbarts öffnen sich um etwa acht Uhr und schließen sich um die Mittagszeit wieder. Sie werden vor allem von Käfern und Fliegen bestäubt. Wie ein »Ziegenbart« ragen die abgeblühten, welken Zungenblüten aus der ehemaligen Blüte. Die Früchte mit einem fedrigen Pappus daran lassen die Pflanze wie eine »Pusteblume« aussehen. Sowohl der botanische Name als auch die deutsche Bezeichnung bringen das Korbblütengewächs mit einem Bock in Verbindung: *tragos* (griech. Bock), *pogon* (griech. Bart). Der Artbeiname *pratensis* erklärt, wo die Pflanze wächst: *pratum* (lat. Wiese), *pratensis* (zur Wiese gehörig).

Süße Delikatessen

Keine Angst übrigens, der Bocksbart riecht nicht nach einem Ziegenbock, der hinter der Geiß her ist. Wie schon botanisch erklärt, kommt der Name von den Haaren, die aus den verblühten Körbchen herausragen. Außerdem gehört der Bocksbart zu den uralten Nutzpflanzen. Die Pfahlwurzel ist ähnlich wie die Schwarzwurzel eine kulinarische Delikatesse. Und den süß schmeckenden Stängeln, die wie Spargel gekocht wurden, verdankt der Bocksbart den Namen Süßling. Die zuckerhaltigen Blätter können roh gegessen oder wie Spinat zubereitet werden. Wie auf pompejanischen Wandfresken zu sehen ist, schätzten schon die alten Römer diese Köstlichkeiten.

Modell für den Fallschirm

Im 18. Jahrhundert war der Bocksbart dann sogar für eine Erfindung gut. In der Bionik, der Wissenschaft vom systematischen Lernen von der Natur, wurde die Frucht der Pflanze als Modell für den ersten praktikablen Fallschirm verwendet.

Medizinische Anwendung

Bocksbart wurde früher als Blutreinigungsmittel verwendet. Das ist allerdings mittlerweile völlig in Vergessenheit geraten.

Bunter Hohlzahn

Galeopsis speciosa · Lippenblütengewächs

Vorkommen: Wächst an Ackerrändern und in Hackfruchtkulturen, an Weg- und Waldrändern und in Uferstaudenfluren. Im Süden und Osten häufig, nach Westen zu seltener werdend, im Bergland in tiefen Lagen.

Merkmale

Einjährige, bis 70 cm hohe Pflanze. Der Stängel ist unter den Knoten und im Bereich des Blütenstands ständig borstig behaart, die Blätter sind gestielt, eiförmig-lanzettlich, gelb gezähnt. Blüte: zweiseitig symmetrisch. Blumenkrone: hellgelb, zweilippig. Der Mittelteil der dreiteiligen Unterlippe ist violett.

Blütezeit: Juni bis Oktober.

Namenskunde

Fachbotanischer Name: Bunt-Hohlzahn.

Volksnamen: Auszehrwurz, Schwindelkraut, Brennkraut.

Geschichte und Geschichten

Hohlzahnarten gibt es viele – mit seiner violetten Unterlippe ist der Bunte Hohlzahn aber die auffälligste. Der botanische Name wird vom griechischen *gale* (Iltis, Wiesel) und *opsis* (Aussehen, Gesicht) abgeleitet, da man in der Antike fand, dass die Blüten einem Iltiskopf ähneln. Der Name Hohlzahn kommt daher, dass an der Unterlippe der Blüte zwei hohle, zahnähnliche Ausstülpungen sind. Als Heilpflanze dürfte der Hohlzahn bereits in der Antike bekannt gewesen sein. Denn schon Dioskorides, der berühmteste Arzt des Altertums, erwähnt eine Pflanze, deren botanische Beschreibung auf den Hohlzahn zutrifft und die er bei Lungenkrankheiten empfahl.

Wundreinigende Wirkung

Die mittelalterlichen Kräuterbuchautoren zählten den Hohlzahn zu den Nesseln und sprachen ihm eine »erweichende«, wundreinigende Wirkung zu. Sie empfahlen ihn bei Geschwüren und Frostbeulen.

In der Volksmedizin war der Hohlzahn seit jeher ein beliebtes Mittel bei diversen Lungenleiden.

Nur ein »Schwindelkraut«

Anfang des 19. Jahrhunderts wurde mit dem Hohlzahn plötzlich viel Reklame gemacht. Als geheimes Wundermittel gegen die Schwindsucht gepriesen, boten findige Geschäftemacher die Pflanze zu hohen Preisen an. Nachdem sich aber alle Versprechen als haltlos erwiesen und die Behörden den Verkauf sogar verboten hatten, bekam der Hohlzahn den Namen »Schwindelkraut«.

Medizinische Anwendung

Der Hohlzahn ist als Heilpflanze weitgehend in Vergessenheit geraten. Wunder erwarten darf man nicht. Aber dank des hohen Kieselsäuregehalts und einer Reihe von Wirkstoffen wie Saponinen, Bitter- und Gerbstoffen kann Hohlzahntee bei chronischen Bronchialkatarrhen Hilfe leisten.

Echter Enzian

Gentiana lutea · Enziangewächs

Vorkommen: Hochstaudenfluren, ungedüngte Gebirgswiesen, kalkreiche Magerwiesen und Weiden, bis auf 2.500 m. Gelb-Enzian ist zerstreut bis selten und nur in den Westalpen zu finden. Steht unter Naturschutz.

Merkmale

Ausdauernde, 50 bis 120 cm hoch wachsende Pflanze. Stängel aufrecht, hohl, kahl. Blätter gegenständig, groß, blaugrün, gerippt. Blüten lang gestielt, in 3- bis 10-blütiger Trugdolde in den Blattachseln der oberen Blätter, blassgelb. Blütezeit: Juli, August.

Namenskunde

Fachbotanischer Name: Gelb-Enzian.
Volksnamen: Heil aller Schäden, Zergang, Enzigan, Weißenzen, Enzen.

Geschichte und Geschichten

Laut Dioskorides, dem berühmten griechischen Arzt im alten Rom, sollen die Gentiane nach dem illyrischen König Gentis benannt sein, der die Pflanzen als Heilmittel gegen die Pest empfahl. Der deutsche Pflanzenname Enzian leitet sich ebenfalls vom lateinischen *Gentiana* ab und war bereits im 13. Jahrhundert gebräuchlich. Der Artbeiname *lutea* (lat. gelb) steht für den am meisten verwendeten Enzian. Es gibt aber auch noch den Purpur-Enzian (*Gentiana purpurea*), den Ostalpen-Enzian (*Gentiana pannonica*) mit braunvioletter Blüte und den Tüpfel-Enzian (*Gentiana punctata*) mit hellgelben und innen punktierten Blüten.

Schnaps fürs Volk

In der Volksmedizin spielt der Enzianschnaps als Medizin und Magenmittel eine große Rolle: »Und die Enzianwurzn is a guete Wurzn, is a guete Medizin. Ja, wenn's im Magen drein oft tut's recht sakrisch schneidn, nimm i alleweil a Glaserl ein.« Früher wurde die Wurzel von allen Arten zum Schnapsbrennen verwendet. Heute wird dazu einzig der Gelbe Enzian angebaut. Die Idee, die Wurzel in der Natur auszugraben, sollte man schleunigst wieder vergessen. Erstens ist es verboten. Zweitens kann der Gelbe Enzian, wenn er nicht blüht, leicht mit dem giftigen Weißen Germer (*Veratrum album*) verwechselt werden.

Medizinische Anwendung

Die Bitterstoffe des Enzians sind appetitanregend und verdauungsfördernd. Er hilft aber auch bei körperlichen und seelischen Schwächezuständen und könnte daher auch ein anregendes Mittel bei Burnout sein.

Echtes Labkraut

Galium verum · Kaffeegewächs, Früher Rötegewächs

Vorkommen: Trockene und wechselfeuchte Magerwiesen (Magerkeitszeiger), Wegraine, Gebüschsäume, aber auch Moorwiesen in ganz Österreich.

Merkmale

Ausdauernde, bis 70 cm hohe Pflanze, Stängel aufrecht, rundlich mit vier hervortretenden Linien. Blätter nadelförmig, quirlig angeordnet. Blüten in rispenartigem Blütenstand, klein, goldgelb, honigartig duftend.
Blütezeit: Juni bis September.

Namenskunde

Fachbotanischer Name: Echt-Labkraut.
Volksnamen: Liebfrauenstroh, Bettstroh, Butterstiel, Gelbes Käselab.

Geschichte und Geschichten

Der botanische Name Galium kommt vom griechischen Wort *gala* (= Milch). Die Labkräuter sollen ein Enzym enthalten, das wie das Ferment Lab aus dem Kälbermagen die Milch gerinnen lässt. Vermutlich benutzten schon unsere Vorfahren die Labkräuter zur Käseherstellung, denn in Pfahlbauten fand man große Mengen von Samen.

Geschichte und Geschichten

Dioskorides berichtete, dass die Hirten im antiken Griechenland die Milch zum Gerinnen brachten, indem sie die Pflanzen als »Milchsieb« verwendeten. Dabei dürfte es sich allerdings eher um das Klett-Labkraut (*Galium aparine*) gehandelt haben, das als »Klimmer« an Sträuchern haftet. Diese Pflanze diente später Wissenschaftlern auch als Modell für den Klettverschluss.

Farbe für den Käse

Heute wird das Echte Labkraut nur noch zur Herstellung des Chester-Käses verwendet, was ihm auch seine gelblich-orange Farbe gibt. Das Echte Labkraut kann nämlich auch als Färberpflanze genutzt werden. Die Blüten geben einen gelben Farbton, die Wurzeln färben Wolle mit der entsprechenden Beize rot, was im alten botanischen Namen Rötegewächse der Pflanzenfamilie zum Ausdruck kommt.

Beim Jesuskind in der Krippe

Im Volksglauben zählt das Echte Labkraut zu den Bettstrohkräutern, die man Gebärenden ins Lagerstroh legte, um sie vor bösen Geistern und Wochenbettkrankheiten zu schützen. Der Legende nach hat die Mutter Maria die Krippe für das Jesuskind mit dem Echten Labkraut ausgepolstert – und seither hat es süß duftende Blüten.

Medizinische Anwendung

In der Volksmedizin werden das Echte ebenso wie das Klett-Labkraut vor allem bei Hauterkrankungen und auch bei Nierenleiden eingesetzt.

Große Fetthenne

Hylotelephium, syn. sedum · Dickblattgewächs

Vorkommen: Fels- und Schotterfluren, Mauern, felsige Stellen in lichten Buschwäldern, Trockenrasen. In Wien, Nieder- und Oberösterreich sowie der Steiermark selten, in den anderen Bundesländern zerstreut zu finden.

Merkmale

Ausdauernde, krautige Pflanze, bis 50 cm hoch, aufrechter, kahler Stängel. Die Laubblätter sind länglich-eiförmig und ungleich gezähnt. Die gelben bis purpurfarbenen Blüten erscheinen in doldenartigen, vielblütigen Blütenständen. Blütezeit: Juli bis September.

Namenskunde

Fachbotanischer Name: Purpur-Waldfetthenne. Volksnamen: Fette Henne, Bruchkraut, Knabenkraut.

Geschichte und Geschichten

Ursprünglich wurde die Große Fetthenne zur Gattung der Sedum-Arten (vermutlich von lat. *sedare*, lindern) gezählt.

Da diese aber eher niedrigwachsend sind, überlegten sich die Botaniker eine neue Definition. Deshalb ist die hochwachsende Fetthenne nun eine eigene Gattung, die als Hylotelephium bezeichnet wird. Der Name setzt sich aus *hyle* (griech. Wald) und *telephion* (eine Heilpflanze, die König Telephos kurierte) zusammen.

Das Orakel der fetten Henne

Die Fette Henne war immer eine Pflanze der Volksmedizin – sowohl was die Heilanwendung als auch den Aberglauben betrifft. So hat man etwa das »Fette-Henne-Orakel« befragt, um den Verlauf einer Krankheit zu bestimmen. Dazu wurde genau über dem Kopf des Kranken an der Zimmerdecke ein Faden mit dem Stamm der Pflanze aufgehängt. Blühte die Fette Henne weiter, war mit seinem Aufkommen zu rechnen.
Als unfehlbar galt eine andere Befragungsvariante: War ein Freund längere Zeit abwesend und ließ nichts von sich hören, musste man nur einen Stamm der Fetten Henne abbrechen und fest an ihn denken. Blieb der Stamm grün, wusste man: Es geht ihm gut.

Für feste Wadeln

In der Volksmedizin verwendete man das Kraut, wenn sich kleine Kinder etwas gebrochen hatten. Man band ihnen dazu einen Stamm Fette Henne für längere Zeit an die »brochene Stelle« und grub die Pflanze dann wieder ein. Schlug sie Wurzeln, sollte auch der Bruch geheilt sein. In einigen Gegenden des Alpenlandes wurden Kindern mit dünnen Beinen noch bis vor kurzem die Waden mit dem Saft der Fetten Henne eingerieben: damit sie »feste Wadeln« bekommen.

Medizinische Anwendung

Die Fette Henne wird in der Volksmedizin auch heute noch aufgelegt, um Blutungen zu stillen; außerdem wird sie zu Wundheilsalbe verarbeitet.

Johanniskraut

Hypericum perforatum · Johanniskrautgewächs

Vorkommen: Trockene, warme Waldränder, Gebüschsäume, Magerweiden, verbreitet in ganz Österreich.

Merkmale

Ausdauernde, bis 60 cm hohe Pflanze. Stängel zweikantig (im Unterschied zu anderen Hypericum-Arten). Blätter gegenständig mit zahlreichen durchscheinenden Punkten. Blütenstand doldenartig, leuchtend gelb. Blüten färben beim Zerreiben dunkelrot. Blütezeit: Juni bis August.

Namenskunde

Fachbotanischer Name: Echt-Johanniskraut. Volksnamen: Hartheu, Jagateufel, Teufelsflucht, Blutkraut, Sonnwendkraut.

Geschichte und Geschichten

Pflanzen, die um den 21. Juni, also in der Sonnwendzeit, zu blühen beginnen, wurden von den Kelten und Germanen als zauberkräftig und besonders heilsam angesehen. Das Fest der Sonnenwende war ursprünglich dem Sonnengott Belenos geweiht, bevor es von christlichen Missionaren dem heiligen Johannes dem Täufer zugeordnet wurde, um dem heidnischen Treiben ein Ende zu setzen. So kam die Pflanze zu ihrem Namen. In der Volksmedizin zählte sie weiterhin zu den beliebtesten und bekanntesten Heilpflanzen.

Gegen Wunden und Dämonen

Blut- oder Wundkraut nannte man das Johanniskraut, weil es bei inneren und äußeren Verletzungen eingesetzt wurde. Auch Paracelsus sah im Johanniskraut vor allem ein Wundkraut. Er assoziierte den roten, blutähnlichen Saft aus den Blüten und die durchstochen wirkenden Blätter mit Verletzungen. Doch nicht nur das. Der Arzt und Mystiker erkannte auch die Wirkung auf die Psyche und deutete den botanischen Namen Hypericum (die griechische Vorsilbe *hyper* bedeutet »über«, *eikon* »Bild«) als Heilmittel gegen die »Phantasmen«, die bösen Bilder im Kopf. Im Volksglauben wurde das Johanniskraut vor allem als »Teufelsbanner« betrachtet, als Heilmittel gegen den Teufel und böse Dämonen.

Medizinische Anwendung

Das rote Johanniskrautöl wird in der Volksmedizin gegen rheumatische Schmerzen eingesetzt. Wissenschaftlich bestätigt ist bei der Anwendung von Johanniskraut vor allem die antidepressive Wirkung. Doch Vorsicht! Johanniskrautextrakte können dazu führen, dass die Wirkstoffe anderer Medikamente in der Leber zu schnell abgebaut werden. Ob Johanniskrauttee auch diese Nebenwirkung hat, ist wissenschaftlich noch nicht erforscht.

Kartäusernelke

Dianthus carthusianorum · Nelkengewächs

Vorkommen: Sonnige, warme Trockenrasen, Böschungen, Heiden, sonnige Waldränder, sehr häufig, wächst in unterschiedlichen Arten, teilweise bis in 2.000 m Seehöhe in ganz Österreich (außer Tirol und Vorarlberg).

Merkmale

Mehrjährige Pflanze mit Wuchshöhen von 15 bis 45 cm, kahl. Die Blätter sind schmallanzettlich. Die fünfzähligen Blüten sind purpurrot, ungefähr 2 bis 2,5 cm im Durchmesser.

Blütezeit: Juni bis September.

Namenskunde

Fachbotanischer Name: Kartäusernelke.

Volksnamen: Blutnelke, Blutströpfchen, Steinnelke, in Österreich auch Stoanagl. Aber Achtung: Die Steinnelke (*Dianthus sylvestris*) ist eine eigene Art.

Geschichte und Geschichten

Von dios, dem griechischen Wort für Göttervater Zeus, und *anthos* (Blume) ist der lateinische Name abgeleitet. Die »Blume des Zeus« war schon in der Antike bekannt. Das Wort Nelke geht auf das mittelhochdeutsche *negelken* (Nägelchen) zurück. Der Name bezeichnete zunächst die Gewürznelken, deren getrocknete Blütenknospen an die Form kleiner geschmiedeter Nägel erinnert. Im 12. Jahrhundert brachten die Kreuzritter unbekannte Nelkenarten mit, die einen besonderen Duft ähnlich dem der Gewürznelken ausströmten, und so wurde der Name auf die Blumen übertragen. Übernommen wurde ebenso der Glaube, dass sie auch als Aphrodisiakum wirken.

Im Bauerngartl daheim

Von allen heimischen Nelken hat die Kartäusernelke die auffälligste Blütenfarbe. Die Kartäusermönche begannen diese Nelkenart in ihren Klostergärten als Heilpflanze zu kultivieren – und waren damit namensgebend. Und bis heute wird diese Wildblume auch gern in Bauerngärten gepflanzt.

Aberglaube und Medizin

Nach dem Volksglauben zieht die Kartäusernelke den Blitz an. Medizinisch hat sie jedenfalls heute keine große Bedeutung. Früher empfahl man bei Zahnschmerzen, die Blüten zu kauen. Äußerlich wurde die Kartäusernelke gegen Rheuma, Hautkrankheiten und nach Schlangenbissen eingesetzt.

Klatschmohn

Papaver rhoeas · Mohngewächs

Vorkommen: Am Rand von Getreidefeldern, auf Böschungen, vor allem auf frisch aufgeschütteten Flächen. In Getreideäckern durch Herbizide rar geworden. Häufig bis zerstreut in Österreich, im Alpenraum selten.

Merkmale
Einjährige, ca. 40 bis 60 cm hohe Pflanze. Stängel aufrecht, behaart. Blätter länglich, fiedrig geteilt. Blüten einzeln, endständig. Kronblätter leuchtend rot, am Grund innen oft mit einem tiefschwarzen Fleck. Frucht verkehrt eiförmig, glatt. Die ganze Pflanze enthält einen weißen Milchsaft.

Blütezeit: Juni bis August.

Namenskunde
Fachbotanischer Name: Klatsch-Mohn.
Volksnamen: Blutblume, Feldmohn, Feuer-Mohn, Wilder Mohn, Feldrose, Feuerblume, Flattermohn, Klappermohn, Klapprose, Klatschrose, Kornrose.

Geschichte und Geschichten

Wegen seiner leuchtend roten Blüte zählt der Klatschmohn zu den auffälligsten Ackerkräutern. So wie die Kornblume findet man ihn aber mitten unter dem Getreide nur mehr selten, allerdings auf ungespritzten Feldstreifen und Wegrändern. Wie die meisten Ackerkräuter stammt der Klatschmohn aus dem wärmeren Mittelmeerraum und kam zusammen mit dem Korn während der Jungsteinzeit in den Norden. Seine Samen keimen übrigens nur, wenn sie im Licht liegen.

Ein Papperl zum Schlafen

Der wissenschaftliche Name Papaver geht auf das lateinische *pappare* (essen) und auf das damit verbundene Kinderwort »pappa« (Brei) zurück. Sowohl die Römer als auch die Kelten sollen Mohnsaft dem Kinderbrei beigemischt haben, um die lieben Kleinen still zu bekommen. *Rhoeas*, der Artbeiname der Pflanze, stammt vom griechischen *rhoia* (fließen) und deutet auf den austretenden Milchsaft hin. Im Unterschied zum Schlafmohn enthält der Milchsaft des Klatschmohns zwar beruhigende Alkaloide, aber kein Morphin.

Ein Knall für die Liebe

Der Name Klatschmohn wiederum rührt von einem alten Spiel her: Die Blütenblätter werden vorsichtig zusammengefaltet, dann klatscht man drauf, die Luft zwischen den Blättern entweicht – und es knallt. Kinder lieben dieses Spiel, Jugendliche können es als Liebesorakel nützen: Je lauter es knallt, desto größer ist die Liebe.

Medizinische Anwendung

Heute werden die Blütenblätter, die das schwach giftige Alkaloid Rhoeadin enthalten, nur mehr in der Volksmedizin verwendet: als Sirup bei Schlafstörungen und um Schmerzzustände zu lindern.

Königskerze

Verbascum densiflorum · Braunwurzgewächs

Vorkommen: Trockene, oft steinige Ruderalstellen, Waldschläge, Böschungen, als Kulturfolger in Dörfern an sonnigen Mauern, kalkhold. In allen Bundesländern häufig bis zerstreut zu finden.

Merkmale

Zweijährige, bis 2 m hohe Pflanze. Im ersten Jahr erscheint die grundständige Blattrosette. Blätter: gelbgrün, bis 40 cm lang, dicht filzig behaart. Im zweiten Jahr entwickelt sich der derbe, aufrechte Stängel. Stängelblätter am Stängel herablaufend. Blüten: in dichter, ähriger Traube, kurzgestielt, hellgelb. Blütezeit: Juli bis August.

Namenskunde

Fachbotanischer Name: Groß-Königskerze. Volksnamen: Wollblume, Fackelblume, Himmelsbrand, Marienkerze, Unholdenkerze. Andere Arten: Heide-Königskerze (auch Heidefackel),

Kleinblüten-Königskerze, Gewöhnlich-Königskerze. Insgesamt gibt es in Mitteleuropa 13 Arten.

Geschichte und Geschichten
Der Name Verbascum kommt vermutlich davon, dass drei der fünf Staubblätter dicke weiße Bärte tragen (das lateinische *barbascum* leitet sich ab von *barba*, Bart). Schön ist auch die folgende Legende: Ein König – mit seinem Sohn als Pilger in Rom unterwegs – wurde in den Katakomben von einem arglistigen Führer beraubt und in der Finsternis zurückgelassen. Der Vater betete um Hilfe, und plötzlich ging von der Blume, die sein Söhnchen am Eingang gepflückt hatte, ein Leuchten aus, sodass sie wieder ins Freie fanden. Seither heißt die Pflanze Königskerze. Sie wurde jedoch auch tatsächlich als Kerze verwendet. Die haarigen Blätter ließ man einst trocknen und steckte sie, in Streifen geschnitten, als Dochte in Lampen. Der Stängel hingegen wurde in Pech oder Öl getaucht und diente als Fackel.

Zauber gegen das Böse
Außerdem galt die Königskerze als Zauberpflanze und sollte Böses abhalten, weshalb sie auch Unholdenpflanze hieß. In geweihten Kräuterbüschen mit der Königskerze in der Mitte wurde zu Maria Himmelfahrt gebetet: »Unsere liebe Frau geht über das Land, sie trägt den Himmelsbrand in der Hand.« Diese Königskerzen sollten helfen, den Blitz vom Haus abzuhalten. Wollblume wiederum nennt man die Königskerze wegen des wolligen Haarpelzes, der das Blatt einhüllt. Dadurch schützt sich die Pflanze vor zu starker Verdunstung.

Medizinische Anwendung
Schleimlösende Saponine, reizmildernde Schleimstoffe und noch viele andere Ingredienzen machen aus den Blüten einen guten Hustentee. Trotzdem werden sie heute nur noch zum »Schönen« verwendet, um das Teegrün etwas aufzuhellen.

Kornblume

Cyanus segetum syn. centaurea · Korbblütengewächs

Vorkommen: Segetalfluren, sandige bis lehmige Äcker, Ackerränder, trockene Wegränder. Früher sehr häufige Ackerbegleitpflanze, heute in ganz Österreich durch Überdüngung selten geworden.

Merkmale

Ein- bis zweijährige, bis 60 cm hohe Pflanze. Stängel kantig, weißfilzig behaart, oben verzweigt. Blätter schmal-lanzettlich; Blütenköpfchen endständig, blaue Kronblüten 5-zipfelig.
Blütezeit: Ende Juni bis September.

Namenskunde

Fachbotanischer Name: Acker-Blauflockenblume.
Volksnamen: Roggenblume, Rockenblume, Kornnelke, Flockenblume.

Geschichte und Geschichten

Der Name *Centaurea* geht angeblich auf den Kentauren Chiron zurück, der eine vergiftete Wunde mit Kornblumen bedeckte und daraufhin wieder pumperlgsund wurde. Der derzeit gültige botanische Name *Cyanus* kommt vom griechischen *kyanos* (= dunkelblaue Substanz, Lasurstein, Lapislazuli). Kornblumen sind an Roggen gebunden und wurden so einst zur Plage für die Bauern, die in ihnen den Korndämon sahen, der ihre Ernte minderte und ihre Sicheln und Sensen stumpf machte.

Die Blume der Treue

Im christlichen Symbolkreis hingegen war es selbstverständlich, dass die strahlend blauen Kornblumen der Himmelskönigin Maria zugeordnet wurden. Häufig erscheint auf mittelalterlichen Gemälden und Renaissance-Bildern Maria mit einem Kranz aus Kornblumen auf dem Kopf. Mit ihrer blauen Farbe waren die Kornblumen ein Symbol für Treue, aber auch für Wankelmut, da beim Trocknen die Blüten oft verblassten. In Preußen gab es um 1800 einen regelrechten Kornblumenkult, die Lieblingsblume der Königin Luise wurde zur »preußisch blauen« Blume.

Balsam für die Augen

In der Volksmedizin galt die Kornblume auch als Zauberpflanze. Wenn man mit der ersten Blüte die Augen bestrich, war man das ganze Jahr gegen Augenkrankheiten gefeit. Überhaupt war die Kornblume die Augenpflanze schlechthin, die auch medizinisch genutzt wurde. Aber auch bei »Mundfäule«, sprich Zahnfleischentzündungen, gegen Kopfgrind und sogar gegen die Pest wurden die Blüten eingesetzt.

Schmuckstück im Tee

Heute wird die Kornblume nur noch als Schmuckdroge in Kräutertees verwendet. In der Kräuterheilkunde spielt sie keine Rolle mehr, obwohl sie aufgrund ihrer Inhaltsstoffe bei Augenproblemen durchaus helfen könnte.

Mädesüß

Filipendula ulmaria · Rosengewächs

Vorkommen: Nährstoffreiche feuchte Wiesen, Moorwiesen, Flussauen, Bachufer. In ganz Österreich häufig zu finden.

Merkmale

Ausdauernde, bis 1 m hohe Pflanze mit kräftigem Wurzelstock. Aufrechte, kantige Stängel, rötlich überlaufen. Die größeren Fiederblätter wechseln mit kleineren an der Blattspindel ab. Eigenartiger »medizinischer« Geruch. Blüten in dichtem, reichblütigem Blütenstand, gelblich. Der Duft erinnert an Mandeln.

Blütezeit: Ende Juni bis August.

Namenskunde

Fachbotanischer Name: Groß-Mädesüß.

Volksnamen: Wiesenkönigin, Spierstaude, Rüsterstaude, Bacholde, Wiesengeißbart, Immenkraut.

Geschichte und Geschichten

Der Gattungsname *Filipendula* setzt sich aus *filum* (lat. für Faden) und *pendulus* (hängend) zusammen – nach den Wurzelfasern, die an den Wurzeln hängen. Für die deutsche Bezeichnung Mädesüß gibt es mehrere Erklärungen. Die häufigste: Früher wurden Met und Wein mit den Blüten aromatisiert (»Metsüß«). Einleuchtend ist aber auch diese Definition: Das Mädesüß blüht spät und mit süßem Duft, wenn die feuchten Wiesen gemäht werden. Es ist somit das »Mähdesüß«, wofür auch der englische Name meadow sweet spricht. Mit »süßen Mädchen« hat der Name aber nichts zu tun.

Flechtwerk für Bienen

Aus den antiken Schriften ist nichts über eine Heilanwendung des Mädesüß bekannt. Theophrastus, der »erste Botaniker« im antiken Griechenland, nannte es spiraea, von *speira* (griech. für Gewinde), was darauf hindeutet, dass die Pflanze zum Flechten von Girlanden benutzt wurde. Erst später war das Mädesüß in der Volksmedizin ein vielverwendetes Mittel bei Fieber und Erkältungskrankheiten. Es galt allerdings auch als Schutzmittel für Bienen und wurde Immenkraut genannt, da die Imker ihre Bienenstöcke mit den Blüten ausrieben.

Medizinische Anwendung

Die Heilkraft des Mädesüßkrautes geht auf Salicine zurück. Das sind Vorstufen der Salicylsäure, deren synthetische Form, auch in Anlehnung an »Spierstaude« (wie Mädesüß früher hieß), Aspirin genannt wurde. Der Mädesüßtee ist schweißtreibend, also das beste Mittel gegen grippale Erkrankungen.

Maiglöckchen

Convallaria majalis · Mäusedorngewächs

Vorkommen: Eichen- und Buchenwälder, warme Gebüsch- und Waldränder. Ist häufig bis zerstreut zu finden und steht in manchen Bundesländern unter Naturschutz.

Merkmale

Ausdauernde, bis 30 cm hohe Pflanze. Hat eine lange oberirdische Blattscheide, die einen einzigen Blattstiel vortäuscht, aus dem zwei Blätter hervorkommen (wichtig als Unterscheidungsmerkmal zum Bärlauch, bei dem jedes einzelne Blatt gestielt ist). Blüten weiß, nickend, glockenförmig, nach außen gebogener Rand, duftend, Früchte leuchtend rot.

Blütezeit: Mai bis Juni.

Namenskunde

Fachbotanischer Name: Echt-Maiglöckchen.

Volksnamen: Maiblume, Maischellchen, Frauentränen, Faldrian, Marienglöckchen.

Geschichte und Geschichten

Der botanische Name *Convallaria* kommt vom lateinischen *convallis* (= hohler Talkessel), also dem Standort des Maiglöckchens in Tieflagen sommerwarmer Eichen- und Buchenwälder, der Artbeiname majalis von der Blütezeit (lat. *Maius* = Mai). Die lieblich duftenden Blumen waren den Frühlingsgöttinnen und später der Mutter Maria geweiht. Sie galten immer als Symbol der Hoffnung auf Liebe, Glück und das Ende allen Kummers. Daher gehörten Maiglöckchen, die man im Mittelalter »Heil der Welt« nannte, auch in den Brautstrauß.

Orakel und Schönheitskur

Unsere Ahnen setzten sie auch als Schönheitsmittel ein. Dazu musste man Maiglöckchen vor Sonnenaufgang pflücken und dann damit das Gesicht abreiben. Dadurch sollten Sommersprossen verschwinden. Und die Blume galt lange auch als Ernteorakel: Wenn vor Georgi (am 23. April) Maiglöckchen zu sehen sind, die innen in der Blütenkrone rote Streifen haben, würde die Ernte viel Arbeit machen, aber wenig Nutzen bringen.
In mittelalterlichen Schriften wurde das Maiglöckchen auch als Heilmittel gepriesen. Paracelsus empfahl es als Stärkungsmittel bei Schlaganfall und bei einem altersschwachen Herz.

Medizinische Anwendung

Heute wird das Maiglöckchen nur noch selten bei Herzinsuffizienz verwendet, obwohl es sehr wirkungsvoll wäre. Die enthaltenen Glykoside helfen, die Kontraktionsfähigkeit der Herzmuskelzellen zu stärken. Grundsätzlich gilt das Maiglöckchen aber als giftig, daher sollte man vor allem beim Sammeln von Bärlauchblättern darauf achten, keine Maiglöckchenblätter zu verwenden.

Margerite

Leucanthemum vulgare · Korbblütengewächs

Vorkommen: Wiesen, Weiden, Halbtrockenrasen, Ackerränder, sehr häufig. In ganz Österreich weit verbreitet.

Merkmale

Mehrjährige, 20 bis 80 cm hohe Pflanze. Leicht kantiger, meist unverzweigter Stängel. Blätter grob gezähnt. Die körbchenförmigen Blütenstände der Margerite sind 3 bis 6 cm breit, Zungenblüten weiß, Röhrenblüten gelb, Hüllblätter schwarz gerandet.
Blütezeit: Juni bis Oktober.

Namenskunde

Fachbotanischer Name: Magerwiesen-Margerite.
Volksnamen: Wucherblume, Weißes Mädchen.

Geschichte und Geschichten

Goethe hat ihr sogar ein literarisches Denkmal gesetzt. In »Faust« lässt er Gretchen rätseln: »Er liebt mich, er liebt mich nicht.« Ja, die Margerite war immer schon eine Orakelpflanze. Ihr Name kommt vom griechischen *margarites* (Perle), weil sie gleich den Perlen bei ungünstigem Ausgang des Orakels so manche Tränen gebracht hat.

Himmel oder Hölle?

Die Rupfblume wurde überhaupt oft für Prophezeiungen herangezogen. Die Jungen fragten nach dem Beruf: Kaiser, König, Edelmann, Bürger, Bauer, Bettelmann. Die Mädchen interessierte, ob sie heiraten, ledig bleiben oder ins Kloster gehen sollten. Und die Alten erkundigten sich, wie es denn um ihr Seelenheil bestellt sei: Himmel, Hölle, Fegefeuer?

Liebe und Tränen

In der ritterlichen Minne zeigten die Damen ihre Unentschlossenheit in Liebesdingen, indem sie auf dem Turnierplatz mit einem Kopfkranz aus Margeriten erschienen. Kein Wunder, dass das »Weiße Mädchen« mit Liebe zu tun hat, war es doch der Liebesgöttin Aphrodite geweiht. Im Christentum wiederum symbolisierte die Margerite gemäß ihrem von der Perle abgeleiteten Namen die Tränen der Jungfrau. Der botanische Name Leucanthemum leitet sich übrigens vom griechischen *leucos* (weiß) und *anthos* (Blüte) ab. Der Artbeiname *vulgare* (lat. »gemein«) deutet darauf hin, dass die Pflanze sehr häufig vorkommt und auch zu starker Ausbreitung neigt. Wucherblume wird die Margerite daher auch genannt.

Medizinische Anwendung

In der Volksmedizin machte man keinen großen Unterschied zwischen der Kamille und der Margerite und verwendete sie gegen Erkältungserkrankungen. Die zerriebenen Blätter wurden bei Quetschungen und Wunden aufgelegt. Aus heutiger wissenschaftlicher Sicht ist davon abzuraten, da die Margerite ein hohes allergenes Potenzial hat.

Natternkopf

Echium vulgare · Raublattgewächs

Vorkommen: Sonnige, trockene Ruderalfluren, Schotterfluren, Wegränder; häufig im pannonischen Raum, also etwa in Niederösterreich, der Südsteiermark und im Burgenland.

Merkmale

Zwei- oder mehrjährige, bis 1 m hohe Pflanze. Stängel und auch Blätter mit steifen Borsten bedeckt. Die Kronblätter sind himmelblau und an den Spitzen rosa bis violett gefärbt. Aus der Blüte ragen rosa Staubblätter hervor, der Griffel ist zweispaltig. Um 15 Uhr herrscht stärkster Flugverkehr rund um den Natternkopf. Schwebfliegen, bis zu 40 Schmetterlingsarten und vor allem Bienen sind dann aktiv. Wegen des hohen Zuckergehalts seines Nektars ist der Natternkopf auch bei Imkern sehr geschätzt. Blütezeit: Mai bis August.

Namenskunde

<u>Fachbotanischer Name:</u> Gewöhnlich-Natternkopf.
<u>Volksnamen:</u> Stolzer Heinrich, Starrer Hansl, Himmelsauge, Himmelsbrand, Johanneskerze.

Geschichte und Geschichten

Der Natternkopf erinnert mit seinen gespaltenen Griffeln an das aufgesperrte Maul einer Schlange. Kein Wunder, dass die Pflanze den Ruf hatte, Schlangenbisse zu heilen, ja sogar vor ihnen zu schützen. Der botanische Name *Echium* leitet sich übrigens vom griechischen *echis* ab und heißt »Otter« oder »Viper«.

Gegen Ratten und Mäuse

Weil der Natternkopf so »kratzbürstig« aussieht, wurde er sogar zur Abschreckung von Ratten genutzt. Dazu musste die Zauberpflanze zur Sommersonnenwende geschnitten und in der Vorratskammer ausgestreut werden. Beim Nachhausetragen durfte man aber auf keinen Fall einen Bach überqueren. Es wurde nämlich befürchtet, dass dann die Wirkung verloren ginge. Um wiederum Mäuse fernzuhalten, wurden Matratzen mit Natternkopfkraut gefüllt.

Schutz vor Blitzschlag

Außerdem schrieb man blau blühenden Pflanzen seit alters her zu, den blitzschleudernden Göttern von Zeus und Jupiter bis zu Thor und Donar geweiht zu sein. Also hoffte man auch darauf, dass der Natternkopf vor Blitzschlag schützte.

Medizinische Anwendung

Heute muss man auf jeden Fall davon abraten, da der Natternkopf in geringsten Mengen lebertoxische Stoffe enthält. Früher wurde die Pflanze, die wie das Lungenkraut oder der Beinwell zu den Raublattgewächsen zählt, aber wie diese als Heilpflanze verwendet. Das wundheilende Allantoin sollte Verletzungen, Verstauchungen und Quetschungen sowie Unterschenkelgeschwüre kurieren.

Rapunzelglockenblume

Campanula rapunculus · Glockenblumengewächs

Vorkommen: Trockene Wiesen, Gebüsche, Waldränder, in Deutschland recht verbreitet, südlich der Donau selten, im Osten Österreichs vom Aussterben bedroht.

Merkmale

Mehrjährige, 50 bis 100 cm hohe Pflanze, Stängel kantig, leicht behaart oder kahl. Die Blätter der Rosette sind umgekehrt eifömig, am Stängel lanzettlich und gezähnt. Blüten gestielt, sitzen in einer schmalen traubenähnlichen Rispe, die hellvioletten Blütenglocken sind zu einem Drittel eingeschnitten.
Blütezeit: Juni bis Juli.

Namenskunde

Volksnamen: Himmelsglocke, Kuhglocke, Wetterglocke, Regenglocke, Gewitterglocke, Blauer Fingerhut.
Andere Arten: Wiesenglockenblume (*C. patula*), Knäuelglockenblume (*C. glomerata*),

Waldglockenblume (*C. persicifolia*), Breitblättrige Glockenblume (*C. latifolia*), Ackerglockenblume (*C. rapunculioides*).

Geschichte und Geschichten
Die Frau blickte in den Garten hinab, im Beet wuchsen die schönsten Rapunzel ... Damit war, vermuten Botaniker, die Rapunzelglockenblume gemeint. Und im Märchen der Gebrüder Grimm wird's dann dramatisch: Die schwangere Frau stiftet ihren Mann an, aus dem Garten der Zauberin diese Pflänzchen zu holen – und zur Strafe verliert sie ihre Tochter an die böse Magierin.

Ein köstlicher Salat
Und überhaupt: Rapunzel ist ein weitverbreiteter Beiname, vor allem bei Pflanzen mit essbaren Wurzeln und jenen, die früher als Wildgemüse verwendet wurden und zu den Glockenblumengewächsen zählen – wie die Teufelskrallen (*Phyteuma sp.*) oder die Sandrapunzel (*Jasione montana*). Und auch der Feld- oder Vogerlsalat, der ein Baldriangewächs ist, wird Rapunzelsalat genannt.
Zurück zur Rapunzelglockenblume: Deren Wurzel ist fleischig verdickt und kann roh als Salat oder gedünstet gegessen werden. Die Blätter schmecken ebenfalls, die Frühlingssprossen können wie Spargel zubereitet werden.

Der Wahrheit verpflichtet
Jede Menge Sagenhaftes steckt natürlich auch in dieser selten gewordenen Wildblume: Die Rapunzelglockenblume galt einst als »blitzgefährlich«, deshalb durfte man sie nie ins Haus bringen. Andererseits dachte man, dass jeder, dem es gelang, die Blüte einer Glockenblume von innen nach außen zu stülpen, ohne sie dabei zu beschädigen, den Menschen seines Herzens erobern könnte. Und noch eine wunderbare, längst vergessene Eigenschaft wurde ihr zugeschrieben: Trägt man eine Glockenblume bei sich, muss man in allen Dingen die Wahrheit sagen.

Schwalbenwurz-Enzian

Gentiana asclepiadea · Enziangewächs

Vorkommen: Feuchte Wiesen und Weiden, Hochstaudenfluren, Wälder und Holzschläge, vom Tal bis in Höhenlagen auf etwa 2.000 m Seehöhe. Gefährdet, daher oft unter Naturschutz.

Merkmale

Ausdauernde, krautige Pflanze, Wuchshöhe 30 bis 70 cm. Mehrere aufrechte bis überhängende, mehrblütige Stängel. Blätter lanzettlich, kreuzweise gegenständig in der Sonne, im Schatten kammförmig gedreht. Blüten sitzen zu dritt in den oberen Blattachseln. Dunkelazurblaue, glockenförmige Krone, innen punktiert.
Blütezeit: August bis Oktober.

Namenskunde

Fachbotanischer Name: Schwalbenwurz-Enzian.
Volksnamen: Blaue Kreuzwurz, Geißleiter, Kloawurz, Bitzwurz, Hirschbrunft-Enzian (weil er so spät im Jahresk-

reis und etwa zeitgleich mit der Hirschbrunft blüht).

Geschichte und Geschichten

Der Name Schwalbenwurz-Enzian bezieht sich auf die Ähnlichkeit seiner Blätter mit der Schwalbenwurz (*Vincetoxicum hirundinaria*), die auf Trockenrasen eher in den Niederungen wächst. Die verschiedenen blau blühenden Enzianarten werden im Volksglauben nicht immer auseinandergehalten, was ihre Verwendung als Heil- und vor allem als Zauberpflanzen betrifft.

Gut fürs Magerl

Asclepiadea, der Beiname des Schwalbenwurz-Enzians, dürfte sich übrigens auf Asklepios, den griechischen Gott der Heilkunde, beziehen. Wie alle Enzianarten enthält auch der Schwalbenwurz-Enzian heilkräftige Bitterstoffe. Seine Wurzeln wurden ebenso verwendet wie jene des Kreuz-Enzians (*G. cruciata*), der vor allem als »Madelger« bekannt war. Einst hieß es: Madelger, allen Wurzeln zu Ehr. Die Wurzeln wurden in Schnaps angesetzt und ergaben wirksame Tropfen gegen Magenschwäche und schlechte Verdauung.

Hilfe für Wasserscheue

Es gab aber auch kuriose Verwendungszwecke, zum Beispiel gegen die sogenannte »Wasserscheu«. Wollte sich ein kleines Kind also nicht waschen lassen, gab man etwas getrocknete Enzianwurzel ins Wasser – angeblich half es. Sogar vor Tollwut sollte die Enzianwurzel schützen – was ihr den Beinamen »Bitzwurz« (Bisswurzel) eintrug. Und in der Tierheilkunde verwendete man sie gegen Klauenerkrankungen, daher der Name »Kloawurz«. Und noch eine geradezu magische Funktion schrieb man allen blau blühenden Enzianarten (die man übrigens auch »Dorant« oder »Orant« nannte) zu: Sie sollten gegen unglückliche Liebe und als Aphrodisiakum helfen.

Sumpfdotterblume

Caltha palustris · Hahnenfußgewächs

Vorkommen: Sumpfwiesen, Bachufer, Auen. Noch häufig, aber gefährdet durch Trockenlegung von Wiesen und Begradigung von Bachläufen. In Wien, Niederösterreich und im Nordburgenland bereits selten.

Merkmale

Ausdauernd mit kräftigem Wurzelstock, Wuchshöhe 15 bis 60cm. Stängel bogig aufsteigend, im oberen Teil verzweigt. Blätter fettig glänzend, rundlich-herzförmig. Fünf Kronblüten, innen dottergelb glänzend.
Blütezeit: März bis Juni.

Namenskunde

Fachbotanischer Name: Sumpfdotterblume.
Volksnamen: Dotterblume, Schmalzblume, Sumpfgold, Butterblume, Bachrose.

Geschichte und Geschichten

Der botanische Name geht auf das griechische Wort *kalathos*, Schale oder Körbchen (wegen der schalenförmigen Blüten), zurück. Der Artbeiname *palustris* wiederum ist lateinisch und heißt Sumpf. Die großen dottergelben Blüten sind ein weithin leuchtender Frühlingsschmuck unserer Bäche, der uns bis hin zum Sommer erfreuen kann. Bei Regen sind die Blüten weit geöffnet und füllen sich mit Wasser, wodurch es zur Selbstbestäubung kommt. Aufschlagende Regentropfen schleudern die schwimmfähigen Samen heraus. Das ist für die Verbreitung wichtig. Das Weidevieh lässt die saftig-grünen Blätter ihres scharfen Geschmacks wegen stehen.

Gefährliches Färbemittel

Insgesamt gilt die Sumpfdotterblume als giftverdächtig. Bei empfindlichen Menschen kann es bereits durch äußerlichen Kontakt mit der Pflanze zu Vergiftungserscheinungen kommen, und der Verzehr kann zu Schwindel und Erbrechen führen. Dennoch hat man früher die Blüten als Färbemittel für Milchprodukte (z.B. Butter) verwendet. Die Blütenknospen wiederum wurden als »Deutsche Kapern« bezeichnet und als Kapernersatz gegessen. Aus heutiger Sicht sollte man allerdings auf den Verzehr von Teilen der Sumpfdotterblume verzichten.

Medizinische Anwendung

Früher wurden die frischen Blätter der Sumpfdotterblume als Wundheilmittel sowie bei Insektenstichen eingesetzt. Da die Blätter aber giftige Protoanemonine enthalten, ist davon abzuraten.

Sumpfschwertlilie

Iris pseudacorus · Schwertliliengewächs

Vorkommen: Sümpfe, Röhrichte, Wassergräben, Verlandungszonen stehender und fließender Gewässer. Im Alpenraum, im nördlichen Oberösterreich sowie durch Trockenlegungsmaßnahmen in Niederösterreich gefährdet.

Merkmale

Ausdauernde, 50 bis 100 cm hohe Pflanze mit dickem Rhizom (Wurzelstock). Laubblätter schwertförmig, grasgrün. Blüten lang gestielt, geruchlos, gelb. Drei dunkel geaderte Hängeblätter sowie drei aufrecht stehende Domblätter.
Blütezeit: Mai bis Juni.

Namenskunde

Fachbotanischer Name: Wasser-Schwertlilie.
Volksnamen: Gelbe Sumpfschwertlilie, Wasserlilie.

Geschichte und Geschichten

Geheimnisvoll leuchtet die gelb blühende Sumpfblüte aus dem Röhricht oder hebt sich vom dunklen Wasserspiegel ab.

Kein Wunder, dass sich allerlei zauberhafte Geschichten um sie ranken. In der griechischen Mythologie etwa waren alle Schwertlilien der Göttin Iris geweiht. Sie war die Götterbotin der guten Nachrichten, und weil sie so oft zwischen Olymp und Erde herumreisen musste, wurde sie als Brücke zwischen Himmel und Erde in den Regenbogen verwandelt.

Im Zeichen des Regenbogens

Die nach der Göttin benannten Iris-Arten und vor allem die vielen Zuchtsorten strahlen tatsächlich in allen Farben. Die gelb blühende Iris ist das Blumenwappen der französischen Königshäuser, dem Ludwig VII. den Namen Fleur de-lis gab. In der germanischen Mythologie war die Sumpfschwertlilie der Frühjahrsgöttin Ostara geweiht, mit deren Rückkehr auch der Regenbogen wieder erscheint. Iriswurzeln, um Ostern herum ausgegraben und als Amulett um den Hals getragen, sollten vor Behexung oder Verletzungen schützen.

Medizinische Anwendung

In der Volksmedizin wurde die Schwertlilie bei Husten, Leberbeschwerden und Wassersucht eingesetzt. Verbreitet war auch der Brauch, kleinen Kindern beim Zahnen Iriswurzeln zum Kauen zu geben. Meist wurde aber dazu die Iris florentina verwendet, deren Wurzeln nach Veilchen duften, weshalb die Iris oft als »Veilchenwurzel« bezeichnet wird.

Türkenbund

Lilium martagon · Liliengewächs

Vorkommen: In Laub- oder Nadelwäldern in halbschattiger, kühler Lage; in Hochstaudenfluren und oberhalb der Waldgrenze auch auf sonnigen Bergwiesen, bis zu 2.000 m. Gefährdet, österreichweit unter Naturschutz.

Merkmale

Ausdauernde, 30 bis 120 cm hohe Pflanze. Blätter schmal, quirlähnlich am aufrechten, kräftigen Stängel angeordnet. Blüten in endständiger, lockerer Traube, groß, bogig herabgekrümmt, lachsrosa bis purpurn, dunkel punktiert, nach oben zurückgebogen. Staubfäden ragen weit aus der Blüte heraus; duftend.
Die ovale Zwiebel besteht aus vielen gelben Schuppen.
Blütezeit: Juli, August.

Namenskunde

Fachbotanischer Name: Türkenbund-Lilie.
Volksnamen: Goldapfel, Goldwurz, Goldzwifl, Schmalzwurz, Schlotterhose.

Geschichte und Geschichten
Die Herkunft des Artbeinamens Martagon ist umstritten, erstmals erwähnt wurde er 1477 in England. Man nimmt an, dass das Wort vom türkischen *martagan* abstammt. Es bezeichnet eine neue Form des Turbans, der von Sultan Mehmed I. (1413–1421) eingeführt wurde. Die turbanartige Form der Blüte gab der Lilie auch ihren Namen: Türkenbund.

Gold und Butter
Da der Türkenbund allerdings auch von Alchemisten hoch geschätzt wurde, könnte sich Martagon auch vom Kriegsgott Mars ableiten. Man glaubte ja, mit dessen Hilfe unedle Metalle in Gold verwandeln zu können. Und mit der Zauberpflanze, genauer gesagt deren Zwiebel, ebenso – daher die Namen Goldwurz oder Goldapfel. Wobei der Türkenbund-Zwiebel mehrere geheimnisvolle Kräfte zugeschrieben wurden: Schlösser sprengen, Liebeszauber vollführen – alles kein Problem. Selbst den Teufel brauchte man nicht zu fürchten, wenn man im Besitz einer Goldwurz war. Im Volksglauben dagegen fütterte man die Kühe mit den gelben Zwiebeln, damit die Butter schön gelb wurde.

Eine Zwiebel in Stoff
Auch zahnenden Kindern hängte man die Zwiebel um den Hals. Damit sie wirkte, musste man das heilbringende Amulett allerdings an einem Freitag beim Vaterunserläuten holen. Außerdem durfte die Zwiebel nicht mit bloßen Händen angefasst werden, und man musste sie in ein Stoffstück einnähen, ohne dass man am Faden einen Knopf machte.

Medizinische Anwendung
Der Türkenbund wurde nie in der Medizin verwendet, sondern galt immer als reine Zauberpflanze.

Vergissmeinnicht

Myosotis sylvatica · Raubblattgewächs

Vorkommen: Häufig bis zerstreut in ganz Österreich. Vergissmeinnicht-Arten gibt es viele, die schönsten wachsen am Waldrand, auf Bergwiesen und Hochstaudenfluren bis zu 1.500 m Seehöhe.

Merkmale

Zwei- bis mehrjährige krautige Pflanze, Wuchshöhe 15 bis 45 cm. Reichastig mit aufrechten Stängeln, Blätter kurz behaart. Himmelblaue Blüten in aufrechten Scheinrispen. Blütezeit: Mai bis Juli.

Namenskunde

Fachbotanischer Name: Wald-Vergissmeinnicht. Volksname: Blaues Mausöhrlein.

Geschichte und Geschichten

Der Name des Vergissmeinnicht, seit langem ein Sinnbild der Liebe und ewigen Erinnerung, geht auf die wunderschöne Sage von einem Ritter und seiner Angebeteten zurück. Die beiden Liebenden gingen am Ufer eines Flusses spazieren. Da erblickte das Fräulein auf der anderen Seite des Flusses himmelblaue Blüten. Als der Ritter ihr diese Blumen bringen wollte, glitt er aus und wurde von einer Woge des Flusses mitgerissen. Er warf dem Fräulein im letzten Augenblick das Sträußchen zu. Und eine allerletzte Botschaft für seine Angebetete brachte er auch noch über die Lippen: »Vergiss mein nicht …«

Berührende Sterne

Vielleicht sind es die kleinen gelben Sterne inmitten des Blaus der Blüten, den Sternen am Himmel gleich, die uns auf diese ganz besondere Weise berühren. Von Europa über China bis Japan wird diese Pflanze überall gleich genannt: forget-me not, ne m'oubliez pas, non-ti-scordar-di-me, Wuwangcao, Nicht-Vergessen-Kraut und japanisch Wasurena gusa – alles hat dieselbe Bedeutung. Weniger romantisch mutet hingegen der botanische Name an: *Myosotis* – was so viel heißt wie Mäuseohr.

Einfach zauberhaft

Natürlich wurden einer solch sagenumwobenen Pflanze auch aphrodisische Zauberwirkungen zugesprochen. Das kann man auch in alten einschlägigen Büchern nachlesen: *Diese Wurzel angehenkt soll die Buhler holdseelig und werth machen …* Wer eine Dame wirklich bezaubern will, ist aber vermutlich mit einem Sträußlein frischer Vergissmeinnicht besser dran – sofern der Galan nicht beim Pflücken auf die Nase fällt.

Weidenröschen

Epilobium angustifolium · Nachtkerzengewächs

Vorkommen: Frische, nährstoffreiche Standorte, Ufer, Böschungen, Waldschläge. Vor allem nach Waldbränden oder Windbrüchen sehr verbreitet. In ganz Österreich zu finden.

Merkmale

Ausdauernde, krautige Pflanze, Wuchshöhe 50 bis 120 cm. Stängel meist unverzweigt, stumpfkantig, bis in die Spitze rötlich gefärbt. Blätter schmal lanzettlich. Blüten in endständigem, traubigem Blütenstand, rosa-purpurfarben. Samen besitzen langen Haarschopf. Blütezeit: Juni bis August.

Namenskunde

Fachbotanischer Name: Schlag-Weidenkraut. Volksnamen: Feuerkraut, Unholdenkraut, Trümmerkraut, Liebfrauenhaar.

Geschichte und Geschichten

Der Gattungsname *Epilobium* leitet sich aus dem Griechischen ab: *epi* (= auf) und *lobion*

(= Schötchen). Das bedeutet, dass die Blüte der Frucht aufsitzt. Die deutsche Bezeichnung Weidenröschen geht einerseits auf die Ähnlichkeit mit Weidenblättern zurück, andererseits auf die rosenfarbenen Blüten. Die Wildblume wird auch Feuerkraut genannt, da ihre Samen mit einem langen weißen Haarschopf versehen sind und weit fliegen können. Im Zweiten Weltkrieg nannte man die Weidenröschen übrigens Trümmerkraut, weil sie sich als Pionierpflanzen auf den Schutt- und Trümmerflächen ausbreiteten und als willkommene Nahrungsquelle geschätzt waren.

Medizinische Anwendung

Auch wenn die Kräuterfrau Maria Treben nur das Kleinblütige Weidenröschen als Heilmittel empfahl, ergaben Studien, dass auch andere Weidenröschenarten, aber vor allem das Schmalblättrige Weidenröschen genutzt werden können. Obwohl man nun mehr über die Inhaltsstoffe und ihre Wirkung weiß, bleibt das Weidenröschen eine Pflanze der Volksmedizin. Diese empfiehlt Männern, zur Vorbeugung von Prostataproblemen regelmäßig einen Tee daraus zu trinken. Frauen kann er helfen, die Blasenmuskulatur zu stärken. Als Heilpflanze wurde das Weidenröschen zwar erst durch Maria Treben populär, aber schon Dioskorides beschrieb eine Pflanze wie das Weidenröschen, deren Tee angeblich wilde Tiere zahm machen konnte und als Umschlag gegen Geschwüre half.

Wiesen-Storchschnabel

Geranium pratense · Storchschnabelgewächs

Vorkommen: Lehmreiche Fettwiesen, neuerdings auch Straßenränder und Bahndämme, häufig bis zerstreut. Ist im nördlichen Alpenland gefährdet, fehlt im Burgenland ganz.

Merkmale

Ausdauernde Pflanze, Höhe 20 bis 80 cm, Stängel abseits drüsig behaart. Blätter meist 7-teilig mit schmalen, fiederspaltigen Abschnitten. Blüten paarweise angeordnet, die Blütenstiele nach dem Verblühen abwärts gebogen, zur Fruchtreife wieder aufwärts gerichtet. Die fünf hellblauen Kronblätter sind 5 bis 22 mm lang.

Blütezeit: Juni bis August.

Namenskunde

Fachbotanischer Name:
Wiesen-Storchschnabel.
Volksname:
Storchenschnabel.

Geschichte und Geschichten

Die Bezeichnung Storchschnabel erklärt sich aus den eigenwillig gestalteten Fruchtständen, die an den Schnabel eines Storches erinnern. Die Namensgebung der Storchschnabelgewächse könnte man in Anlehnung an Shakespeare auch »Komödie der Irrungen« nennen. Denn die Geranien haben ihren Namen vom griechischen *geranos* (Kranich), müssten also eigentlich Kranichschnäbel heißen. Die Familie, zu der sie zählen, sind die Geraniaceaen, die aber Storchschnabelgewächse heißen. Noch verwirrender wird es, wenn man weiß, dass der Storch im Griechischen *pelargos* heißt. Also sind die so beliebten Pelargonien die wahren Storchschnäbel, werden aber trotzdem oft Balkongeranien genannt.

Der Regenschirm des Teufels

Storchschnabel-Arten kommen auf allen Kontinenten vor. Bei uns wachsen neben dem Wiesen-Storchschnabel der wunderschöne Blutrot-Storchschnabel (*Geranium sanguineum*) sowie der wegen seiner dunklen Blüten auch Teufelsregenschirm genannte Braun-Storchschnabel (*Geranium phaeum*).

Medizinische Anwendung

Alle Storchschnäbel enthalten vermutlich Gerbstoffe. Medizinisch genutzt wird bei uns vor allem der Stinkende Storchschnabel (*Geranium robertianum*), auch Ruprechtskraut und Kindsmacher genannt. Ihm schreibt man zu, bei unerfülltem Kinderwunsch zu helfen.

Wilde Malve

Malva sylvestris · Malvengewächs

Vorkommen: Weg-, Feld- und Wiesenränder, Ruderalfluren, Stickstoffzeiger
Im westlichen Alpengebiet gefährdet, in Osttirol nicht mehr vorhanden.

Merkmale

Zwei- bis mehrjährige, bis 120 cm hohe Pflanze. Der Stängel ist aufrecht, behaart, ästig. Blätter langgestielt. Blüten: gestielt, lila bis rosa, fünfblättrig, mit drei dunklen Streifen versehen. Früchte aus einem Kranz dicker Scheiben bestehend.
Blütezeit: Mai bis September.

Namenskunde

Fachbotanischer Name: Wild-Malve.
Volksnamen: Große Käsepappel, Käslikraut, Hasenpappel, Katzenkäse, Ross-Malve, Pissblume.

Geschichte und Geschichten

Malven zählen zu den ältesten Nutzpflanzen. Aus antiken

Schriften geht hervor, dass sie als Heil- und Gemüsepflanzen hoch geschätzt waren. Die hohe Wild-Malve ebenso wie ihre kleine Verwandte, die Weg-Malve.

Puppenbrot für die Kinder
Der Name Käsepappel kommt daher, dass die Früchte zart nach Käse riechen bzw. an Käselaibe erinnern. Sie werden auch heute noch von Kindern beim Spielen als »Puppenbrot« verwendet. Schwer herzuleiten ist die Bezeichnung »Pappel« – vielleicht weil die Blätter einiger Malvenarten jenen der Silberpappel ähneln.

Jungfrauen-Test und Essen
Im Aberglauben trieb die Heilpflanze seltsame Blüten. »Schüttet man den Harn einer Frau über eine Malve und diese verdorrt in drei Tagen, ist sie unfruchtbar«, hieß es. Derselbe Test konnte aber auch anzeigen, ob eine Jungfer noch wirklich eine war. Man sollte Vorsicht walten lassen bei solchen Dingen...
Auch was heutige Ratschläge betrifft. Seit Wildgemüse populär wurde, findet man oft Rezepte, die Malvenblätter wie Spinat zu verkochen. Doch Vorsicht: Die Wild-Malve wächst dort, wo viel gedüngt wird, was zu Nitratbelastungen führt! Besser ist es, die schön blühenden Malven in den Garten zu bringen.

Medizinische Anwendung
Alle Malven enthalten Schleimstoffe, die reizmildernd wirken und sowohl als Tee bei Halsweh, Husten und Magenschmerzen als auch äußerlich angewendet bei juckenden Hauterkrankungen helfen können.

Wilde Möhre

Daucus carota · Doldenblütengewächs

Vorkommen: Ruderalstellen, trockene Wiesen, Wegränder. In ganz Österreich sehr häufig zu finden.

Merkmale

Die weiße Wurzel riecht typisch karottenähnlich, die zweijährige Pflanze erreicht Wuchshöhen bis zu 120 cm. Stängel borstig behaart. Laubblätter 3-fach fiederschnittig. Die Doppeldolde hat im Zentrum eine auffällig dunkel-purpur gefärbte Einzelblüte. Im voll aufgeblühten Zustand ist der Blütenstand flach gewölbt, nach dem Blühen schließt sich die Dolde wie ein Vogelnest zusammen. Erst nach der Fruchtreife breitet sie sich wieder aus, reagiert aber hygroskopisch und zieht sich bei Feuchtigkeit wieder zusammen, kann also gut das Wetter vorhersagen. Blütezeit: Juni bis September.

Namenskunde
Fachbotanischer Name:
Wild-Möhre.
Volksnamen: Mohrrübe, Vogelnestchen, Eselsmöhre.

Geschichte und Geschichten
Die Wilde Möhre ist die Stammform, aus der durch Kreuzung die verschiedenen Kultursorten gezüchtet wurden. In ihrer ursprünglichen Form war die Wilde Möhre schon seit Urzeiten ein wichtiges Nahrungsmittel. Das verrät auch ihr botanischer Name. Das lateinische *daucus* ebenso wie das griechische *daikos* waren schon in der Antike die Bezeichnung für Doldenblütler mit dicken, essbaren Wurzeln. Ebenso wie der Beiname, der vermutlich vom griechischen *karon* (= Kümmel) stammt.

Heilsame Wundauflage
Auch in der Volksmedizin war die Wilde Möhre ein geschätztes Heilmittel. Der Wurzelbrei wurde auf schlecht heilende Wunden gelegt, oder man vermischte frische Blätter mit Honig und verwendete sie als Wundauflage. Außerdem wurden die Samen als harntreibendes Mittel benutzt.

Von der Jungfräulichkeit
In Osteuropa assoziiert man die dunkle Einzelblüte in der Mitte mit dem Verlust der Jungfräulichkeit eines Mädchens. Ja, man glaubte sogar, dass, wenn eines Tages die Wilden Möhren keinen Fleck mehr aufweisen, es nicht mehr lang bis zum Weltuntergang dauert.

Medizinische Anwendung
In der heutigen Pflanzenheilkunde findet die Wilde Möhre nur selten Verwendung. Doch der Chemiker und Arzneimittelhersteller Roger Kalbermatten entwickelte auf Basis der Signatur das homöopathische Mittel *Daucus carota*. Inspiriert wurde er dazu, weil die Dolde sich nach der Fruchtreife wie ein Vogelnest zusammenschließt. Daucus carota soll daher Menschen helfen, sich zu zentrieren und zerstreute Kräfte wieder zum Mittelpunkt zu führen.

Über die Autorin

Miriam Wiegele, Jahrgang 1946, gibt auf der Basis ihrer Studien der Medizin, Pharmakognosie, Botanik und Ethnologie sowie vieler alternativer Heilmethoden seit Jahrzehnten ihr Wissen in Unterricht und Seminaren, Radio- und Fernsehbeiträgen sowie einer Fülle von Artikeln zu Gesundheitsthemen und als Buchautorin weiter. Miriam Wiegele lebt mit ihrem Mann im Südburgenland. Ihren Garten hat sie zu einem »Global Village« für Heil- und Gewürzpflanzen aus aller Welt gestaltet.

FSC www.fsc.org MIX Papier aus verantwortungsvollen Quellen FSC® C012536

 · Gesetzt aus der Hoefler Text und The Sans · Medieninhaber, Verleger und Herausgeber: Red Bull Media House GmbH, Oberst-Lepperdinger-Straße 11–15, 5071 Wals bei Salzburg, Österreich · Gestaltung und Satz: graficde'sign. pürstinger, Alex Stieg · Fotos: Cover: Flora Press/Andrew Lawson · Innenteil: S. 7, 18, 22: imago/blickwinkel, S. 8, 30: Flora Press/Stephan Rech, S. 11: Flora Press/BIOSPHOTO/Jean-Philippe Delobelle, S. 12, 26, 32, 36: Flora Press/Otmar Diez, S. 14: Flora Press/gartenfoto.at, S. 16: Flora Press/Sabine Jacobs, S. 20, 62: Flora Press/Frédéric Tournay, S. 24: mauritius images/Garden World Images/Steffen Hauser, S. 28: mauritius images/Donald L. Fackler Jr./Alamy, S. 34: mauritius images/Frank Hecker/Alamy, S. 38: Flora Press/Redeleit&Junker/N. Niehoff, S. 40: Flora Press/Mark Bolton, S. 42: mauritius images/Flowerphotos/Gillian Plummer, S. 44, 50: Flora Press/ Martin Hughes-Jones, S. 46: getty images/Martin Siepmann, S. 48: Flora Press/Karin Goldbach, S. 52: Flora Press/Buiten-Beeld/Nico van Kappel, S. 54, 60: Flora Press/Visions, S. 56: Flora Press/GWI, S. 58: Flora Press/Flowerphotos/Fiona Lea

Printed in Austria
ISBN 978-3-7104-0175-6